東大高材生這樣吃

燜燒鍋育腦食譜

東大料理愛好会が教える育脳レシピ

東大料理愛好會───────著

羅淑慧───────譯

三悅文化

CONTENTS

PART 1　適合天天吃！
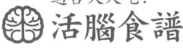 活腦食譜

PART 2　在勝負時刻品嚐！
活力食譜

PART 3 大腦和身體全都覺醒！
早餐食譜

PART 4 溫和不傷胃！
宵夜食譜

PART 5 維持活力！
身體調理食譜

【本書的規則】
- 本書所使用的燜燒鍋是2.8ℓ或3ℓ的種類（3～5人份）。
- 食譜上標示的「沸騰◯分」是指為了充分加熱材料，而在沸騰後持續加熱的時間。「沸騰0分」則是指沸騰後馬上關火。「保溫◯小時」是指，把調理鍋放進保溫容器，並藉由保溫進行調理的時間。
- 1大匙=15ml、1小匙=5ml。
- 希望把4人份改成2人份等份量的時候，請把水量調整成淹過食材的水量。
- 高湯使用柴魚昆布高湯。
- 微波爐使用600W的設定。加熱時間因機種而異，所以請自行調整。

研究有益健康和大腦的料理的
校內料理社團。

東大料理愛好會的成員以東大生為主，活動基礎為每週一次的烹飪會，並且終日研究有益健康和大腦的食材和料理。開始研究的契機是，過去曾有人提問：「東大生都吃些什麼？」、「吃什麼，頭腦才會變好？」。從那之後，我們便開始鑽研有益聰明腦袋和健康身體的營養素和食譜。也就是說，本書是我們最引以為傲的內容。這些有助於提升專注力、有效學習的料理，全都是我們大家經過多次試作後所構思出的菜色。

透過美食，鼓勵勤勉學習的
孩子和家人！

對於每天勤勉學習的孩子來說，飲食是相當重要的環節。飲食不光是身體，也是讓心靈放鬆的重要時刻。這本書的料理是，愛好會的成員們一邊回想自己的苦讀時期，一邊思考出的菜色。本書介紹了許多種不同的料理，除了實際品嘗過的料理之外，還有希望讓現代的孩子品嘗的菜色，以及抱持著「如果有這種菜，自己應該也會很想吃～」的想法的菜色。衷心期望這本書能夠幫助到更多的孩子和家庭。

育腦食譜的**5**大關鍵

本書的食譜，透過以下5個觀點為苦讀的學子們加油打氣！

可望提升記憶力和集中力的菜單。選用富含有益大腦的營養素的食材，同時構思食譜。

清醒的大腦和身體來自每天的飲食！

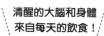

一天當中，尤其重要的一餐就是早餐！可以讓大腦和身體清醒、讓全天的活動更加順遂的菜單。

考前等決勝負的時刻，為自己增添活力的菜單。身體過於疲累的時候，也很適合食用。

熬夜苦讀的時候最適合。溫和、不刺激腸胃，帶給身體溫暖感受的料理。

疾病是勤勉學習的大敵。希望遠離感冒的考前時刻，最適合這些菜色。

燜燒鍋是什麼？

東大生爲您解說，讓育腦食譜更簡單、輕鬆的燜燒鍋功能。

我來爲您解說

可無火調理的
「保溫調理」鍋。

可以長時間維持熱度，並利用餘熱把食材燜透的燜燒鍋。燜燒鍋的結構雖然相當簡單，卻能夠把食材燜爛、讓味道更容易入味，同時還可以省下瓦斯費和電費等，擁有相當多的優點。

加熱　　　IN!　　　燜燒

調理鍋　　　保溫容器　　　保溫調理

我來爲您解說

採用高保溫力維持溫度，
所以不需要持續沸騰。

從保溫容器的剖面來看，就可以清楚了解，燜燒鍋採用的真空斷熱層可以阻隔熱氣外散。構造和燜燒罐如出一轍。其實，馬鈴薯只要以85℃持續加熱20分鐘；牛肉以80℃持續加熱15分鐘，就可以完全熱透，所以只要能夠維持必要溫度，就不需要熱源。因此，單靠燜燒鍋就可以達到調理的目的。

燜燒鍋的剖面圖

保溫容器蓋
調理鍋蓋
調理鍋
保溫容器
不會導熱的
真空斷熱層

保溫容器內側　真空　外側
隔熱

與燜燒罐相同的構造，
具有高保溫力！

**燜燒鍋和一般鍋的
保溫性能比較圖**

溫度（℃）

100
90
80
70
60
50
40
30
20
10
0

燜燒鍋

一般鍋

時間（

1　2　3　4　5　6　7

在室溫20℃下，把熱水加滿至蓋子下緣，
並從熱水溫度95度開始測量。

注意：這是在沒有開啟保溫容器蓋的狀況下所做的
把保溫容器蓋或調理鍋裡的內容物太少時，就
出如圖表般的保溫性能，同時，內容物也容易變

使用方法超簡單。
把鍋子從爐上移開，放進保溫容器中即可！

基本的3個步驟 （提升記憶力的燉黃豆 → 食譜在P.12）

STEP 1 把調理鍋放在爐上，加熱材料

→

STEP 2 加入水煮沸

→

STEP 3 蓋上鍋蓋，放進保溫容器裡

烹調方式與一般的作法相同，用調理鍋加熱切好的食材。如果材料是用炒的，有時就要從一開始就加入水。

加入水，希望收乾湯汁，或是煮沸溢出時，要在沒有蓋上鍋蓋的情況下加熱。這個熱不使用於保溫調理，所以要確實煮沸。

把調理鍋從爐子上移開，蓋上鍋蓋，放進保溫容器裡。只要依照食譜記載的時間進行保溫就完成了。有些料理也可以加長保溫時間，就可以更加美味。

※希望收乾湯汁時、加入食材溫熱時，就要取出調理鍋，再次加熱。

保留食材口感的同時，
誘出美味。

長時間保溫 >>>>>> 慢慢燜燒

燜燒時間越久，食材越軟嫩，味道越滲透。就算超過食譜上「保溫●分以上」的指定時間，仍舊可維持美味。

短時間保溫 >>>> 保留口感

希望保留口感的蔬菜、義大利麵等麵類，要在短時間內完成。為避免加熱過久，調理時最好測量時間。

注意事項
- 食譜的份量減少時，水量請至少要淹過食材，同時，份量請最少製作2人份以上。
- 份量如果太少，保溫力就會下降，所以請視情況需要，在中途再次加熱。
- 材料請不要超過調理鍋的8分滿。
- 調理後仍可持續保溫，但是，製作4人份的料理，且超過6～8小時的時候，為避免腐敗，請把調理鍋拿出來再次加熱。
- 保溫調理時，請務必緊蓋調理鍋的鍋蓋和保溫容器的蓋子。另外，如果在調理過程中，反覆掀開鍋蓋，料理的溫度就會下降，保溫調理的效果就會消失，所以請多加注意。

╲ 這種時候最便利！╱
燜燒鍋的聰明使用方法

請務必試試，有效利用燜燒鍋優點的使用方法。

使用方法
1

大人不在家的時候，

這樣一來，
媽媽也可以
安心出門！

只要先利用
燜燒鍋做好料理，
就不需要重新加熱！
孩子想吃飯的時候，

隨時都可以享用。

使用方法
2

可以有效
利用時間

只要先用調理鍋加熱食材，
再把調理鍋
放進保溫容器就行了，

所以就算沒有守在爐灶旁也OK。

可以擁有更多
陪伴孩子的時間。

也可以利用保溫調理的期間，陪孩子做功課。

使用方法
3

就算孩子

因為補習而晚歸，

燜燒鍋仍舊可以
長時間維持料理溫度，
所以不用加熱
就可以馬上吃。
家人回家時間較晚、

還可以維持
美味！

吃飯時間各不相同時，也非常方便！

PART 1

適合天天吃！
活腦食譜

把具有維持集中力及提升記憶力等效果
的食材，烹調成孩子所喜愛的味道。尤
其是希望讓孩子多吃的青背魚，還特別
花費巧思，製成孩子容易接受的味道，
請務必試試看。

活腦食譜1

提升腦力的魚排

把提升腦力的知名食材·沙丁魚，
製作成連怕吃魚的孩子都願意吃的魚排。

材料 4人份

沙丁魚		4尾
洋蔥		1/2顆
馬鈴薯		3顆（中）
A	薑（磨成泥）	1瓣
	太白粉	1大匙
	麵包粉	50g
	香草鹽	少許
	胡椒	少許
	帕馬森乾酪	1大匙
橄欖油		適量
鴻禧菇		1株
水		100ml
清湯塊		1塊
B	蕃茄醬	100ml
	辣醬油	100ml
	砂糖	2大匙
	紅酒	少許
起司片		4片

※也可以使用市售的魚漿來取代沙丁魚。使用魚漿時，就採用200g的魚漿（生），並且略過太白粉、香草鹽、胡椒的使用。

製作方法

❶沙丁魚切掉頭尾，並去除中骨和內臟。用菜刀把魚肉剁碎（也可以使用食物調理機）。
❷洋蔥切末。馬鈴薯切成一口大小，包上保鮮膜，用微波爐（600W）加熱5分鐘，直到馬鈴薯變軟，再用搗碎器搗碎。
❸把步驟❶的沙丁魚漿、步驟❷的食材和A材料放進碗裡混合，分成4等分，並揉捏成圓形。用調理鍋加熱橄欖油，用中火把兩面煎出焦黃色之後取出。
❹把分成小朵的鴻禧菇放進相同的鍋裡，用中火拌炒，加入水和清湯塊。清湯塊溶解後，放進B材料，開中火烹煮，沸騰之後，持續烹煮1分鐘。
❺把步驟❸的沙丁魚排放回鍋裡，蓋上鍋蓋，再次沸騰之後，把調理鍋放進保溫容器裡，保溫40分鐘左右。
❻裝盤後，趁魚排溫熱的時候，把起司鋪在上面，再淋上醬汁。

育腦菜的重點

善用富含DHA的沙丁魚來提升腦力的菜色。就算是孩子不愛吃的青背魚，只要製成魚排，再用燜燒鍋燜燒，就可以變得更加美味。

活腦食譜2

提升記憶力的燉黃豆

令大腦欣喜的食材『黃豆』。
只要善用燜燒鍋，就可以做出鬆軟口感。

沸騰 **3分** → 保溫 **40分**

材料 4人份

雞胸肉 …………………1片	蒟蒻 …………………150g
A ┌ 鹽、胡椒 ……………各少許	沙拉油 ………………1大匙
└ 酒 …………………1大匙	高湯 …………………400ml
水煮黃豆 …………………100g	**B** ┌ 味醂 ………………2大匙
※參考右下的菜單烹煮，或是使用黃豆罐頭。	│ 醬油 ………………4大匙
胡蘿蔔 …………………2/3根	└ 砂糖 ……………1又1/2大匙
蘿蔔 …………………10cm	萬能蔥（蔥花）…………適量

製作方法

❶ 雞胸肉切成一口大小，用**A**材料醃製。胡蘿蔔切成滾刀塊；蘿蔔切成銀杏切。蒟蒻川燙後，撕成一口大小。

❷ 用調理鍋加熱沙拉油，以中火稍微拌炒胡蘿蔔、蘿蔔、蒟蒻。

❸ 加入高湯，沸騰之後，一邊撈除浮渣，一邊用中火烹煮5分鐘。

❹ 加入黃豆、**B**材料，煮沸之後，用中火持續烹煮3分鐘。放入雞肉，沸騰之後，蓋上鍋蓋，把調理鍋放進保溫容器，保溫40分鐘。裝盤後，撒上蔥花。

水煮黃豆（完成後460g）

黃豆 …………………200g
水 …………………600ml

❶ 黃豆清洗後，放進調理鍋，加入指定份量的水，放置一個晚上。

❷ 步驟❶的調理鍋，在無鍋蓋狀態下開火烹煮，沸騰之後，一邊撈除浮渣，一邊用偏小的中火烹煮6分鐘。蓋上鍋蓋，放進保溫容器，保溫1小時以上。

※試吃之後，如果黃豆還很硬，就再次把調理鍋煮沸，然後再次放進保溫容器裡保溫。

育腦的重點

黃豆所含的卵磷脂是，構成大腦和神經組織的重要成分，所以才會想出這一道料理。只要善用燜燒鍋，乾燥豆類的烹煮也能變得超簡單。

活腦食譜 3

直達大腦!西式鯖魚味噌

搭配蕃茄醬,把家常的鯖魚味噌製成西式風格。
帶著些微蕃茄風味的餘韻,就連小孩也都喜歡。

沸騰 **5分** → 保溫 **20分**

材料 4人份

鯖魚(魚塊)··············4塊
茄子 ··················3條
青椒 ··················4顆
橄欖油 ················適量
A 酒 ················3大匙
　　砂糖 ··············3大匙
　　味噌 ··············1大匙
　　水 ···············500ml
　　味醂 ··············2大匙
　　醬油 ··············1大匙
蕃茄醬 ················4大匙
味噌 ··················1大匙
白芝麻 ················適量

製作方法

❶ 鯖魚切出刀痕,用熱水川燙,再用冰
　 水冷卻,把水分瀝乾。
❷ 茄子去除蒂頭,縱切成對半後,橫切
　 成1cm厚。青椒切成一口大小。
❸ 用調理鍋加熱橄欖油,用中火把蔬菜
　 炒軟。
❹ 把鯖魚平鋪在蔬菜上面,放進**A**材
　 料,蓋上鍋蓋,用中火烹煮5分鐘。
　 撈除浮渣,加入味噌和蕃茄醬,沸騰
　 後關火。
❺ 把調理鍋放進保溫容器,保溫20分
　 鐘。裝盤,撒上芝麻。

育腦的重點

鯖魚所含的DHA是,大腦發育所不
可欠缺的多元飽和脂肪酸。雖說魚
有益身體健康,但老是採用相同的
做法,也會有吃膩的時候,所以就
在調味上多費了一點心思。

年糕番薯糯米飯

只要把年糕放進一般的白米裡炊煮,就可以變身成彈牙的糯米飯。

沸騰 **8分** → 保溫 **15分**

材料 4人份

番薯	150g左右
白米	2米杯
水	320ml
年糕	1塊
A 酒、味醂	各1大匙
醬油、鹽	各1小匙
黑芝麻	少許

製作方法

❶ 白米洗好,和指定份量的水一起放進調理鍋中,浸泡30分鐘。

❷ 番薯切成2cm丁塊狀,泡水。年糕切成1cm丁塊狀。

❸ 步驟❶放入年糕和**A**材料,稍微混合。放上瀝乾水分的番薯,蓋上鍋蓋,開中火烹煮。沸騰後,改用小火加熱8分鐘。

❹ 把調理鍋放進保溫容器,保溫15分鐘。裝盤,撒上芝麻。

育腦米的重點

番薯的甜味可以讓人放鬆,白飯是活力的來源,所以只要吃了這個,就可以提升集中力,讓學習進展得更快速。考試當天的早上一定要來上一碗。

16

活腦食譜5

讓大腦欣喜的羊栖菜溫沙拉

把多半會拿來製成鹹甜燉煮的羊栖菜，製作成清爽的日式沙拉。

沸騰 → 保溫
0分 → 10分

材料 4人份

羊栖菜	10g
高麗菜	8～10片
胡蘿蔔	1/2根
青花菜	1/2株
水	600ml
鹽	一撮
A 芝麻油	3大匙
醬油	5大匙
醋	2大匙

製作方法

❶ 羊栖菜用水清洗後，如果太長，就切成容易食用的大小。高麗菜切成大塊，胡蘿蔔切成銀杏切。青花菜分切成小朵。

❷ 把步驟❶的食材、指定份量的水、鹽放進調理鍋，開大火烹煮。沸騰後關火，放進保溫容器，保溫10分鐘。

❸ 把調理鍋取出，瀝乾蔬菜和羊栖菜的水分，用混合的A材料拌勻。

育腦的重點

這是媽媽為了有點貧血的我所製作的料理。貧血時，身體和大腦往往都會呈現缺氧狀態，所以就把它當成有利於育腦的菜單，介紹給大家囉！

活腦食譜 6

持續集中！豐富蔬菜烏龍麵

大量蔬菜且營養均衡的一道。
燜燒鍋可以保溫，所以也可以當成宵夜。

沸騰 0分 → 保溫 15分

材料 4人份

水煮烏龍	3球
胡蘿蔔	1根
青江菜	2株
香菇	4朵
裙帶菜（乾燥）	多於1大匙
芝麻油	1大匙
水	1400ml
A 中華高湯粉	2大匙
醬油	2大匙
鹽、胡椒	各適量
雞蛋	2顆

製作方法

❶ 裙帶菜用水泡軟，擠乾水分。胡蘿蔔切成條狀，青江菜切成和胡蘿蔔一樣長度的段狀，香菇去掉根蒂部分後，切成薄片。

❷ 用調理鍋加熱芝麻油，以大火把胡蘿蔔、青江菜、香菇炒軟。加入指定份量的水和 **A** 材料、裙帶菜，蓋上鍋蓋烹煮。沸騰後，倒入蛋液，稍微混合之後，馬上蓋上鍋蓋，放進保溫容器，保溫15分鐘。

❸ 上桌前取出調理鍋烹煮，放入烏龍麵溫熱。

育腦的重點

只要先把湯做好，在上桌前放入烏龍麵，就算因補習而太晚回家，仍舊可以品嚐到美味的烏龍麵。還有大量含有豐富礦物質的裙帶菜。

活腦食譜7

療癒疲累大腦的
爽口燉肉

輕鬆把大份量的豬肉塊製成燉肉。
只要和麵露一起放進密封保存袋就行了，超簡單！

沸騰 **8分** → 保溫 **180分**

材料 4人份

豬肩胛肉	400g
洋蔥	1顆
胡蘿蔔	1根
水煮蛋	2顆
麵露（3倍濃縮）	150ml
酒	1大匙
日式芥末、山葵（個人喜好）	各適量

製作方法

❶ 將洋蔥切成梳形切，胡蘿蔔切成滾刀塊。水煮蛋去殼。

❷ 把豬肉、步驟❶的食材、水煮蛋、麵露、酒放進密封保存袋，擠出空氣，封住袋口，在冰箱內放置3小時以上。

❸ 在調理鍋中倒進2/3左右的熱水，放入步驟❷的食材（在裝了麵露的狀態下），蓋上鍋蓋，加熱8分鐘。直接把調理鍋放進保溫容器，保溫3小時。

※如果在放入密封保存袋的狀態下加熱調理鍋，袋子可能會溶解，所以請多加注意。

❹ 取出豬肉切成薄片，和雞蛋、蔬菜一起裝盤。依個人喜好，搭配日式芥末、山葵一起品嚐。

育腦的重點

如果缺乏豬肉所含的維他命B12，就會有忘東忘西、集中力下降的問題，所以便構思出這道可以吃到大量豬肉的料理。靈感就來自於媽媽的烤牛排。

靠魚貝提升腦力！海鮮咖哩

用綜合海鮮和蕃茄罐，
簡單做出令大腦欣喜的魚貝咖哩。

沸騰 **0分** → 保溫 **30分**

材料　6盤份

綜合海鮮（冷凍）····················300g
奶油 ·····································少許
蕃茄罐（塊）···········1/2罐（200g）
咖哩醬 ·················1/2包（6盤量）
水 ·······································650ml

製作方法

❶ 用調理鍋加熱奶油，加入冷凍狀態
　的綜合海鮮，以小火拌炒。
❷ 整體溶解，釋出水分之後，加入蕃
　茄罐、指定份量的水，蓋上鍋蓋，
　用中火烹煮。沸騰後關火，混入油
　糊，蓋上鍋蓋，在保溫容器裡面，
　保溫30分鐘。

育腦的重點

干貝等所含的麩胺酸是鮮味成分，
同時也是活腦成分，兩種都是有益
身心的成分。把干貝加入大家都愛
的咖哩，就可以大量攝取！

22

活腦食譜 9

集中力提升！奶油鮭魚義大利麵

提升腦力的食材，鮭魚和奶油格外契合。

沸騰　→　保溫
1分　　標示的時間

材料　2～4人份

鮭魚（魚塊）	2塊
義大利麵	150g
菠菜	3株
鴻禧菇	200g
蒜頭	1瓣
橄欖油	1大匙
奶油	20g
Ⓐ 牛乳	500ml
清湯塊	1塊
鹽、胡椒	各少許
披薩用起司	3大匙

育腦的重點

含DHA的鮭魚是容易在超市買到，隨時都能吃到的魚。這裡把鮭魚製作成小孩最愛的白醬義大利麵。這樣一來，應該會百吃不膩。

製作方法

❶ 菠菜川燙，切成3～4cm長。鴻禧菇分成小朵。蒜頭切末。

❷ 把橄欖油和蒜頭放進調理鍋，用小火炒出蒜頭的香氣後，放入鮭魚，用中火把兩面煎成焦黃色，取出。把皮和肉分開，揉開魚肉備用。

❸ 把奶油放進步驟❷的調理鍋，溶解後，用中火稍微拌炒鴻禧菇。

❹ 加入Ⓐ材料，沸騰之後，放入折成對半的義大利麵、菠菜，一邊攪拌，烹煮1分鐘。加入步驟❷的鮭魚，蓋上鍋蓋，放進保溫鍋，依照義大利麵外包裝的標示時間進行保溫。最後再混入起司。

傳授！大家的必勝菜單

以故事形態介紹準備考試時期、考試之前常吃的菜單。

MENU 1 ●豬肉韭菜炒豆芽菜

東京大學研究所・碩士1年級 長瀨大夢

不是韭菜豬肝，而是韭菜豬肉。豬肉也能確實帶來活力能量。醬油調味非常下飯！聽媽媽說，炒的時間相當重要。每次餐桌上有這道料理時，總是令我興奮不已。

MENU 2 ●燉煮蜂斗菜

碩士1年級 小名木淳

我屬於考試前特別容易緊張的類型，如果吃到太油膩的東西，就會感覺不舒服。為了讓我「在考試前多吃些米飯」，媽媽就為我做了這一道充分發揮鹽味的燉煮料理。

MENU 3 ●香草煎鯖魚

東京家政大學・3年級 木暮渚

雖然只是把乾香草、蒜頭和胡椒鹽鋪在鯖魚上面，再進行燒烤，不過，完全沒有半點魚腥味，而且相當美味，尤其是準備考試的期間，餐桌上總是會出現有益大腦的魚類料理。

MENU 4 ●茄子燉蕃茄

東京大學・3年級 宮崎拓真

準備考試時的寒冷夜晚，經常請媽媽做的一道溫暖料理。沒有食慾的時候，蕃茄的酸味和清爽口感也能促進食慾，讓人從心底感受到溫暖。

MENU 5 ●非油炸豬排蓋飯

茶之水女子大學・3年級 吉田文香

家常料理・豬排蓋飯！可是，油膩的感覺會讓人害怕……擔心這一點的祖母為我製作的是，沾上麵包粉，用烤箱烘烤的非油炸豬排。祖母的貼心不僅令我開心，也讓我更有想持續努力的心情。

PART 2

在勝負時刻品嚐！
活力食譜

使用蒜頭、豬肉、豬肝和魚貝等，可望提升活力的食材，所製作而成的料理。希望發揮實力的考前請務必享用！這同時也是令人眼睛為之一亮的料理，所以想為普通的餐桌增添變化時，也可以加以應用。

活力食譜1

芥末醬的勝負豬肉

使用豬肉和芥末2種活力食材，
適合在考前品嚐，讓人充滿活力的美味菜色。

沸騰 **5分** → 保溫 **30分** 以上

材料 4人份

豬肉塊（咖哩用）	400g
馬鈴薯	2顆（中）
沙拉油	少許
水	400ml
醬油	3大匙
芥末粒	2〜3大匙
蜂蜜	2大匙

製作方法

❶豬肉塊和馬鈴薯切成一口大小。

❷用調理鍋加熱沙拉油，用中火快速煎
　過豬肉表面。加入馬鈴薯快速拌炒，
　放入剩下的所有材料，用中火加熱。

❸沸騰之後，一邊撈除浮渣，烹煮5分
　鐘後，在保溫容器裡面，保溫30分鐘
　以上。

育腦的重點

把豬肉這個活力食材製作成大受歡
迎的蜂蜜芥末口味。蜂蜜的甜味也
是孩子所喜歡的味道！也可以當成
考試滿分的獎勵。

活力食譜 2

韓式活力大鍋飯

讓米飯充滿牛磺酸豐富的魚貝能量，
再用泡菜香氣挑逗食慾的韓式大鍋飯。

沸騰 **8分** → 保溫 **25分**

材料 4人份

白米	2米杯
綜合海鮮（冷凍）	1包（300g）
花蛤（已吐完沙）	1包
胡蘿蔔	2/3根
沙拉菠菜	4株
芝麻油	2大匙
豆芽菜	1/2包
泡菜鍋的高湯粉（濃縮類型）	100ml
水	280ml
苦椒醬（依個人喜好）	適量

製作方法

❶ 胡蘿蔔切絲，菠菜把長度切成3等分。綜合海鮮解凍備用。

❷ 用調理鍋加熱芝麻油，放進白米，用中火拌炒。白米熟透後，依序加入胡蘿蔔、豆芽菜，用中火快速翻炒。

❸ 加入泡菜鍋的高湯粉、菠菜、指定份量的水，把整體充分拌勻，放上綜合海鮮和花蛤，蓋上鍋蓋，用小火加熱8分鐘。

❹ 把綜合海鮮和花蛤取出，在保溫容器裡面，保溫25分鐘。

❺ 炊煮完成後，依照個人喜好，拌入苦椒醬。裝盤，鋪上綜合海鮮和花蛤。

育腦米的重點

國高中生時期，雙親總是為了讓我吃到多種食材而絞盡腦汁，於是我便憑藉著當時的記憶，想出了這一道可以帶來活力的料理。

消除考試疲累的雞肝馬鈴薯

使用大量雞肝，產生滿滿活力的創意料理。

沸騰 → 保溫
6分 → 30分

材料　4人份

雞肝	250g
馬鈴薯	3顆
洋蔥	1顆
胡蘿蔔	1/2根
沙拉油	1大匙
高湯	600ml
蒜頭	2瓣
A 醬油	3大匙
味醂	2大匙
酒、砂糖	各1又1/2大匙

育腦的重點

在感到疲累的時候，最適合品嚐營養滿分的雞肝。只要使用燜燒鍋，就可以輕鬆烹煮。提升活力的蒜頭也是重點！

製作方法

❶ 洋蔥切成扇形切，馬鈴薯、胡蘿蔔、雞肝切成一口大小。雞肝把血分清洗乾淨，泡水備用。蒜頭磨成蒜泥備用。

❷ 用調理鍋加熱沙拉油，用中火快速拌炒洋蔥、胡蘿蔔、馬鈴薯。所有食材全裹滿油之後，加入高湯，用中火烹煮。沸騰之後，撈除浮渣。

❸ 加入蒜頭、**A**材料，用略強的中火烹煮5分鐘。加入瀝乾水分的雞肝，烹煮1分鐘，雞肝的表面變色後，蓋上鍋蓋，在保溫容器裡面，保溫30分鐘。

活力食譜 4

薯蕷的黏糊糊關東煮

薯蕷和梅干可望達到雙重的提升活力效果！

沸騰 12分 ➡ 保溫 30分

材料 4人份

薯蕷	1根
蕪菁	4顆
蕪菁的菜葉	少許
雞胸肉	400g
梅干	6顆
高湯	1000ml
A 醬油	3大匙
砂糖、酒、味醂	各1大匙
B 太白粉	4小匙
水	4小匙

育腦的重點

用腦過度而感到疲累的時候，用梅子的酸味重振心情。梅干的檸檬酸也有恢復疲勞的效果。食慾不佳，卻又希望增添體力的考試期間，請試試看。

製作方法

1. 薯蕷去皮，切成半月形。蕪菁去皮，切成4等分。蕪菁的菜葉川燙後切碎。雞肉切成一口大小。梅干去除種子剁碎。

2. 把薯蕷、蕪菁、雞肉、高湯、A材料、剁碎的梅干放進調理鍋，蓋上鍋蓋，用大火烹煮。

3. 沸騰之後，用中火加熱10分鐘，加入混合後的B材料，加熱1～2分鐘，直到產生黏糊感為止。蓋上鍋蓋，放進保溫容器保溫30分鐘。裝盤，撒上蕪菁的菜葉。

活力食譜 5

活力納豆雜炊

以黏糊糊的食材『納豆』作為主角，滑溜順口的一道

沸騰 5分 → 保溫 10分

材料　4人份

白飯	2碗	**A** 酒	1大匙
納豆	2包	醬油	2大匙
鮭魚薄片（市售品）		麵露（2倍濃縮）	
	3大匙		2大匙
胡蘿蔔	6cm	鹽	1小匙
香菇	3朵	日式高湯粉	1大匙
芝麻油	1小匙	雞蛋	2顆
水	1000ml	萬能蔥	適量

育腦米的重點

以「黃豆」作為原料的納豆，和含有「DHA」的鮭魚是，令大腦喜悅的組合。考試的早晨，媽媽一定會做這道料理給我吃，希望集中精神時，也很適合這一道。

製作方法

❶ 胡蘿蔔切絲，香菇去掉根蒂，切成薄片。

❷ 用調理鍋加熱芝麻油，以中火拌炒步驟❶的食材。放入 **A** 材料、白飯、納豆、鮭魚片，蓋上鍋蓋，用中火烹煮。

❸ 沸騰之後，加熱5分鐘，倒入蛋液，輕輕攪拌。蓋上鍋蓋，在保溫容器裡面，保溫10分鐘。裝盤，撒上斜切成細條的萬能蔥。

PART 3

大腦和身體全都覺醒！
早餐食譜

早餐是一日的活力來源。這時候就準備一些，能夠讓剛起床的食慾大開，又可以讓大腦和身體覺醒的料理吧！燜燒鍋可以在忙碌的早晨，化身成最佳的調理幫手喔！

早餐食譜1

充滿朝氣的香蕉南瓜沙拉

最適合用它來展開充滿活力的一天！
主角就是馬上能帶來能量的香蕉。

沸騰 5分 → 保溫 30分以上

材料 4人份

香蕉 ·······························2條
南瓜 ·······················1/4顆（中）
牛乳 ·····························100ml
檸檬汁 ·······················2～3小匙
美乃滋 ··························2大匙
腰果 ······························1把
※也可以用核桃或杏仁。
巴西里（乾燥，可有可無）·········適量

製作方法

❶ 香蕉和南瓜切成5cm大小。香蕉淋上檸檬汁備用。

❷ 把南瓜和牛乳放進調理鍋，用略強的中火烹煮。沸騰之後，加入香蕉，蓋上鍋蓋，再次沸騰後，加熱5分鐘。在保溫容器裡面，保溫30分鐘以上。

❸ 取出調理鍋，掀開鍋蓋，用大火把牛乳的量收乾至一半以下。混入美乃滋和搗碎的腰果，如果有乾燥的巴西里，就在裝盤後，撒上巴西里。

育腦的重點

為了用天然的甜味來為考生加油打氣，所構思出的一道料理。就算是早上的忙碌時間，仍可以充分攝取營養，讓活力滿滿。

蘑菇濃湯

只要有燜燒鍋，就可以品嚐到暖烘烘口感的濃湯。

沸騰 **0分** → 保溫 **20分**

材料 4人份

蘑菇	300g
洋蔥	1/2顆
馬鈴薯	1顆（小）
奶油	2大匙
水	400ml
清湯塊	1塊
牛乳	300ml
鹽、胡椒	各少許
巴西里（乾燥，可有可無）	少許

育腦的重點

用保溫調理方式，就可以輕鬆完成充滿鮮味的湯品。因為口感溫和，所以除了嘴饞或宵夜等之外，也可以在學習的空檔品嚐。

製作方法

① 蘑菇、洋蔥、馬鈴薯切絲。用調理鍋加熱奶油，依序加入洋蔥、蘑菇、馬鈴薯，以中火拌炒。

② 食材變軟之後，加入指定份量的水和清湯塊，蓋上鍋蓋，用中火加熱。沸騰之後，在保溫容器裡面，保溫20分鐘。

③ 取出調理鍋，把鍋裡的食材全倒入攪拌器，持續攪拌至食材變得滑嫩為止。

※沒有攪拌器的時候，就用濾網過濾，再和牛乳混合。

④ 把步驟③的食材倒回調理鍋，以小火溫熱後，用鹽、胡椒調味。如果有乾燥的巴西里，就在裝盤後，撒上巴西里。

早餐食譜 3

秋葵精力味噌湯

蒜頭的香氣增添活力,同時也能讓人耳目一新的味噌湯。

沸騰　保溫
0分 → 20分

材料　4人份

秋葵	4條
小蕃茄	10顆
洋蔥	1/2顆
馬鈴薯	2顆
A 日式高湯粉	1小匙
蒜頭(磨成泥)	2小匙
薑(磨成泥)	2小匙
水	500ml
味噌	適量
蔥等配料、芝麻油、白芝麻	
(依個人喜好)	各適量

育腦米的重點

秋葵的黏液可以帶來活力,是我家裡的家常早餐。秋葵的黏蛋白成分可以提升體力。連同湯一起喝,就不會讓任何營養流失。

製作方法

❶秋葵切成小片,小蕃茄切成對半,洋蔥切成薄片,馬鈴薯切成容易食用的大小。

❷把**A**材料放進調理鍋,蓋上鍋蓋,開中火烹煮。沸騰之後,放入秋葵、洋蔥、馬鈴薯。再次沸騰之後,在保溫容器裡面,保溫20分鐘。

❸取出調理鍋,加入小蕃茄,溶入味噌。裝盤,依個人喜好,撒上配料、芝麻油和芝麻等。

早餐食譜 4

溫和覺醒的中華粥

只要有燜燒鍋，三兩下就可以完成正統的中華粥。

沸騰 10分 → 保溫 60分 以上

材料 4人份

白米	1米杯
豬五花肉塊	120g
沙拉油	少許
水	1000ml
A 中華高湯粉	適量
芝麻油	適量
芝麻油	少許
長蔥、薑	各適量

育腦米的重點

早餐往往都是隨便吃吃，不過，育腦則不能馬虎。沒有食慾的時候，就用可以清爽入口，含有維他命B1的豬肉來增加活力吧！

製作方法

① 豬肉切成1cm的棒狀。用調理鍋加熱沙拉油，拌炒豬肉。

② 關火，加入白米，整體全都裹滿油之後，加入指定份量的水和 **A** 材料。

③ 開中火烹煮。沸騰之後，偶爾攪拌一下，一邊撈除浮渣，烹煮10分鐘。蓋上鍋蓋，在保溫容器裡面，保溫1小時以上。

④ 起鍋，淋上芝麻油，鋪上切絲的長蔥和薑。

早餐食譜 5

清爽優格堅果沙拉

鮮豔蔬菜可以帶來活力，適合早上吃的沙拉。

沸騰 **1分** → 保溫 **5分**

材料 4人份

胡蘿蔔	1根（小）
馬鈴薯	1顆
黃瓜	1條
蕃茄	1顆
原味優格（無糖）	200ml
腰果	30g
鹽、胡椒	各適量

育腦菜的重點

因為想要大量攝取含有 β 胡蘿蔔素的綠黃色蔬菜，所以就製作出這麼一道鮮豔的沙拉。加上腰果之後，還可以增加營養和口感。

製作方法

❶ 腰果搗碎，蔬菜全部切成8mm左右的丁塊狀。
❷ 把大量的水、胡蘿蔔、馬鈴薯放進調理鍋，蓋上鍋蓋，用中火烹煮。
❸ 沸騰之後，開小火加熱1分鐘，在保溫容器裡面，保溫5分鐘。
❹ 取出調理鍋，把蔬菜的水分瀝乾，黃瓜、蕃茄、優格、腰果混在一起，再用鹽、胡椒調味。

吃不傷胃的料理

22:00　宵夜

宵夜範例

●豆皮烏龍

選擇不會造成腸胃負擔的輕食。比起冷食，建議採用溫熱的料理，才不會傷腸胃。也要注意宵夜的時間不要太晚。

24:00　睡前

睡前餐點範例

●熱牛奶

以牛奶開始，以牛奶結束。只要養成這種習慣，飲食自然就會規律。利用熱牛奶幫助入睡，為明天養精蓄銳。

飲食當中，最重要的就是早餐！

9:00　早餐

早餐範例

●牛乳　●奶油卷
●香腸　●優格

為了讓大腦和身體有足夠的活力，早餐一定要吃！以1種食材為主菜或偶爾加入三明治，就可以讓早餐有更多變化。

COLUMN 2

早餐是育腦的起點！

突破考季的

黃金飲食規律

對培育健康大腦和身體來說，規律的飲食是相當重要的事情。東大料理愛好會在這裡根據實際的體驗，傳授黃金的飲食規律。

營養的均衡在這時候調整

19:00　晚餐

晚餐範例

●鯖魚味噌煮　●涼青菜
●炒豆芽　●味噌湯

午餐往往都會有蔬菜不足的情況，所以要利用晚餐，調整一整天的營養均衡。如果可以就以魚作為主菜，同時攝取大量蔬菜，藉此調整身體的狀況。

15:00　點心

點心範例

●蛋糕　●紅茶

在午餐和晚餐之間吃。比起營養的均衡，攝取學習時所需的葡萄糖才是最重要的事情。也可搭配具有提神效果的紅茶。

份量增加！

12:30　午餐

午餐範例

●豬肉泡菜蓋飯　●沙拉

午餐多半都是吃蓋飯等可以帶來活力的料理。然後還要搭配上綠色沙拉。利用蛋白質＋蔬菜的搭配方式，來攝取熱量，維持營養的均衡。

PART 4

溫和不傷胃！
宵夜食譜

熬夜苦讀、肚子有點餓的嘴饞時刻，熱湯料理尤其珍貴。不僅溫和不傷胃，還要善加利用具有提升腦力和恢復疲勞等效果的食材，為自己的學習助上一臂之力。

宵夜食譜1

多汁、溫暖的豆漿鍋

以美容食材而大受歡迎的豆漿，也對腦力提升有很大幫助！
充滿讓人從心頭感到暖和、溫和的口感。

沸騰 **3分** → 保溫 **30分**

材料 4人份

雞翅膀	4支
雞腿肉	400g
高麗菜	5片
長蔥	1根
木綿豆腐	1塊
豆漿	500ml
水	200ml
中華高湯粉	2小匙
鹽	1小匙

製作方法

❶ 雞腿肉切成一口大小，高麗菜切成大塊，長蔥斜切成段，豆腐切成容易食用的大小。

❷ 把豆漿、指定份量的水、雞翅、雞腿肉、中華高湯粉、鹽放進調理鍋，蓋上鍋蓋，開中火烹煮。

❸ 沸騰之後，撈除浮渣，放進高麗菜、長蔥，用中火烹煮。再次沸騰後，加熱3分鐘，放進豆腐，蓋上鍋蓋，在保溫容器裡面，保溫30分鐘。

育腦米的重點

媽媽在考試前做給我吃的料理。聽說豆漿有美膚、瘦身的效果，而黃豆所含的卵磷脂也有育腦的效果。

宵夜食譜2

肉丸粉絲*滋養湯*

粉絲吸入肉丸和蔬菜的鮮味後,變得更加美味。
不僅能有飽足感,也能緩解疲勞。

沸騰 **3分** ➡ 保溫 **60分**

材料 4人份

豬絞肉	300g
長蔥	1/4根
白菜	1/8株
胡蘿蔔	1/2根
太白粉	1/2大匙
薑(磨成泥)	2小匙
水	1000ml
A 鹽、胡椒	各少許
砂糖	1大匙
魚露	3大匙
粉絲(乾燥)	50g

製作方法

❶ 長蔥把一半切成碎末(肉丸用),剩下的斜切成段狀(配菜用)備用。白菜切成段狀,胡蘿蔔切成銀杏切。

❷ 把絞肉放進碗裡,再加入長蔥、太白粉、薑混合,捏成較小的一口大小,揉成球狀。

❸ 把指定份量的水放進調理鍋,蓋上鍋蓋,開中火烹煮。沸騰之後,放入肉丸,用小火加熱3分鐘。

❹ 把 **A** 材料混入,加入粉絲、蔬菜,蓋上鍋蓋,沸騰之後,在保溫容器裡面,保溫1小時。

育腦的重點

如果缺乏豬肉所含的維他命B1,人就會變得容易疲勞,同時感到焦慮,所以就利用可以療癒身心、補充活力的湯,為心靈和身體帶來溫暖。

宵夜食譜3

滑嫩的中式茶碗蒸

滑順的柔嫩口感，就算是沒有食慾的時候也吃得下。
只要用燜燒鍋，不需要隨時守在火爐旁邊，也可以做出滑嫩的茶碗蒸。

沸騰 **2分** → 保溫 **20分**

材料 3～4人份

豬絞肉	100g
長蔥	1/2根
乾香菇	3朵
沙拉油	少許
A 醬油	1又1/2小匙
鹽	少許
雞蛋	4顆
B 雞骨湯湯粉	2小匙
溫水	400ml
酒	2小匙
鹽	1/2小匙
香菜（依個人喜好）	少許

〔沾醬〕
芝麻油、醬油 ……………… 各少許

製作方法

❶乾香菇用水泡軟，切成薄片。長蔥切成蔥花。

❷用平底鍋加熱沙拉油，以中火拌炒乾香菇和絞肉。加入**A**材料攪拌，起鍋放到盤裡放涼。

❸雞蛋打成蛋液，加入**B**材料、步驟❷的食材、長蔥，放入湯碗大小的耐熱容器內。用鋁箔當成蓋子蓋上。

❹把布鋪在調理鍋上，放入步驟❸的容器，再把水加入至耐熱容器的一半高度，蓋上鍋蓋，開強火烹煮。沸騰之後，加熱2分鐘，然後在保溫容器裡面，保溫20分鐘。依個人喜好可放上香菜，淋上沾醬食用。

育腦的重點

據說香菇所含的泛酸，具有抵抗壓力的作用，所以調味或是為營養加分時，就可以多加採用香菇。

宵夜食譜 4

補充能量的
干貝義大利麵

善用蒜頭、辣椒氣味的香蒜辣椒風味。
不需要另外烹煮筆管麵，一鍋就可以搞定！

沸騰 **0分** → 保溫 標示的時間

材料 4人份

筆管麵	200g
小干貝	30個左右
長蔥（白色部分）	1根
蒜頭	2瓣
芝麻油	4大匙
紅辣椒	1條
酒	120ml
水	800ml
中華高湯粉	2小匙
鹽、胡椒	各少許

製作方法

❶ 長蔥的一半切成白髮蔥（裝飾用）、剩下的部分斜切成段狀（配菜用）。蒜頭切末。

❷ 把芝麻油、蒜頭、紅辣椒放進調理鍋裡，用小火加熱，炒出蒜頭的香氣之後，放入干貝和酒，改用中火，炒至酒精氣味揮發為止。

❸ 把指定份量的水、中華高湯粉、長蔥及筆管麵放進步驟❷的鍋子裡。沸騰之後，蓋上鍋蓋，放進保溫容器，依照筆管麵包裝上所標示的時間進行保溫。

❹ 取出調理鍋，用鹽、胡椒調味，裝盤後，放上白髮蔥裝飾。

育腦米的重點

這道料理可以完整品嚐到干貝所含的牛磺酸。蒜頭的風味是這道料理的重點，在享受溫和口感的同時，還能儲備隔日的活力。

宵夜食譜 5

雞肉蘿蔔的溫暖雜炊

除了溫暖身體的薑之外，大量的蘿蔔還能呵護腸胃。

沸騰 **5分** → 保溫 **15分**

材料 4～6人份

白米	1/2米杯
雞胸肉	150g
蘿蔔	1/4根
胡蘿蔔	1/2根
香菇	2朵
薑	1/4瓣
水	800ml
A 醬油	3大匙
酒	2大匙
鹽	1/2小匙
萬能蔥（蔥花）	適量

育腦米的重點

在寒冷時期熬夜苦讀時，身體會變得冰冷，有時就連指尖都會變得僵硬……。薑所含的薑油應該可以讓身體從內部溫暖起來。

製作方法

❶白米洗好後，和指定份量的水一起放進調理鍋，浸泡30分鐘。

❷雞肉切成一口大小，蘿蔔和胡蘿蔔切成銀杏切，香菇去掉根蒂，切成薄片。薑磨成泥。

❸把A材料和薑放進步驟❶的鍋裡。放上雞肉、蘿蔔、胡蘿蔔、香菇，蓋上鍋蓋，開中火烹煮。

❹沸騰之後，加熱5分鐘，在保溫容器裡面，保溫15分鐘。用鹽調味，裝盤後，撒上萬能蔥。

PART 5

維持活力！
身體調理食譜

長時間學習之後，不僅大腦和身體會感
到疲累，神經方面的耗損也不少。希望
療癒大腦和心靈，或是缺乏食慾的時
候，就要來些順口、帶來活力的料理。
對於疾病的預防也有所幫助。

身體調理食譜1

營養滿滿的**高麗菜捲**

使用整顆高麗菜,溫暖呵護腸胃。
不僅外觀極具存在感,溫和口感也相當適合當宵夜!

沸騰 **5分** ➡ 保溫 **60分**

材料 4人份

高麗菜	1顆(小)

※使用直徑25cm、高15cm左右的高麗菜。

雞絞肉	200g
洋蔥	1/2顆
A 雞蛋	1顆
肉荳蔻、鹽、胡椒	各少許
水	500ml左右

※約可浸泡半顆高麗菜左右。

B 雞骨高湯粉	2大匙
醬油	3小匙
鹽、胡椒	各適量
C 太白粉	1～2大匙
水	1～2大匙
香菇	1朵
芝麻油	1/2大匙
萬能蔥(蔥花)	少許

製作方法

❶ 洋蔥切末,香菇去掉根蒂,切成薄片。從高麗菜的背面,以菜心為中心,用菜刀挖出直徑10～12cm、深度6～8cm左右的空洞。先取出1片高麗菜菜葉備用。

❷ 把雞絞肉、步驟❶的洋蔥、**A**材料混合,製作成內餡,填塞在高麗菜裡面。用步驟❶取出備用的高麗菜菜葉蓋住缺口。

❸ 填塞內餡的那一面朝上,放進調理鍋,加入指定份量的水,蓋上鍋蓋,用中火烹煮15分鐘。

❹ 加入**B**材料,開中火烹煮。沸騰之後,持續烹煮5分鐘,在保溫容器裡面,保溫1小時左右。

❺ 把高麗菜從調理鍋中取出,用中火烹煮剩餘的湯汁,加入香菇,用混合的**C**材料製作出芡汁。最後再加入芝麻油。

❻ 裝盤,淋上步驟❺的醬汁,撒上萬能蔥。

育腦米的重點

使用整顆高麗菜,就可以省略用菜葉製作高麗菜捲的時間,外觀上也十分豪華,忙碌時特別推薦。如果親子共同進行填塞內餡的作業,還可以讓孩子轉換心情!

身體調理食譜 2

鮮嫩多汁的雞肉火腿

雞肉鮮嫩多汁，宛如餐廳才能品嘗到的美味。
小孩、大人都喜歡的簡單美味。

沸騰 **0分** ➡ 保溫 **15分**

材料　容易製作的份量（2條）

雞胸肉 ……………………………… 2片
鹽 ……………………… 雞肉重量的2%
胡椒 …………………………………… 少許
〔蔬菜塔塔醬〕
洋蔥 ……………………………… 1/4顆
水煮蛋 …………………………………… 1顆
甜椒（紅、黃）…………………… 各1/4顆
美乃滋 …………………………………… 6大匙
鹽、胡椒 ……………………………… 各少許

製作方法

❶ 把雞肉、鹽、胡椒放進塑膠袋，搓揉整體。置於冰箱內4～5小時以上（放置一晚更好）。

❷ 把保鮮膜攤開，雞肉的雞皮朝下放置，捲成粗度均勻的程度，確實把保鮮膜的兩端扭緊，再用橡皮筋等加以固定。剩下的一片同樣也要捲起來。

❸ 用調理鍋把一半程度的熱水煮沸，放進步驟❷的雞肉火腿。再次沸騰之後，關火，蓋上鍋蓋，在保溫容器裡面，保溫15分鐘。

❹ 從調理鍋中取出雞肉火腿，直接放涼。

※洋蔥、甜椒切末，水煮蛋用叉子的背面等壓碎。把醬汁用的材料混合在一起。火腿切開裝盤後，淋上醬汁。

育腦米的重點

雞胸肉所含的咪唑二氧化合物，具有恢復疲勞的效果，所以就製作成隨時都可以品嘗的雞肉火腿。

身體調理食譜3

蕎麥麵佐
濃稠起司蕃茄醬

改變日式食材『蕎麥麵』的視覺，製成蕃茄風味。
裹上濃稠起司的蕎麥麵化身成義大利風。

沸騰 **5分** ➡ 保溫 **10分**

材料 4～6人份

蕎麥麵（乾）	360g
洋蔥	1顆
胡蘿蔔	1根
香腸	6條
沙拉油	適量
蕃茄罐（塊）	1罐（400g）
A 麵露（3倍濃縮）	150ml
水	600ml
清湯塊	1塊
溶解的起司	適量
粗粒黑胡椒、羅勒（乾）	各少許

製作方法

❶ 洋蔥切成5mm丁塊狀，胡蘿蔔切成銀杏切。香腸切成容易食用的大小。

❷ 用調理鍋加熱沙拉油，以中火依序把胡蘿蔔、洋蔥、香腸炒熱。

❸ 加入 **A** 材料，用中火加熱3分鐘，清湯塊溶解後，倒入蕃茄罐烹煮。沸騰之後，加熱5分鐘，蓋上鍋蓋，在保溫容器裡面，保溫10分鐘。

❹ 依照包裝標示烹煮蕎麥麵，用濾網撈起。

❺ 裝盤，鋪上起司，再撒上粗粒黑胡椒、羅勒。搭配沾醬一起品嚐。

育腦米的重點

選用健康的蕎麥麵。蕎麥麵所含的維他命B1如果不足，體力就會下降或感到焦慮，所以請務必試試看。

濕潤的**劍魚油封**

把蒜頭和橄欖油的風味鎖在劍魚的魚肉裡面。

材料 4人份

劍魚 …………………………………4塊
鹽 ……………………………………適量
甜椒（紅）…………………………1顆
綠蘆筍 ………………………………4根
蒜頭 …………………………………4瓣
橄欖油 ………………………………適量

「魚對大腦很好」，所以媽媽經常在考試期間做魚給我吃。因為是用油烹煮，所以含有DHA的劍魚會更加美味。

製作方法

❶ 劍魚撒上少許的鹽，在冰箱裡放置10分鐘左右。用紙巾把釋出的水分擦乾。把甜椒切成細條，綠蘆筍切成和甜椒相同的長度，進一步縱切成對半。蒜頭切片。

❷ 用調理鍋加熱少許的橄欖油，快速煎過劍魚的兩面後，取出。甜椒、蘆筍快速炒過後，撒上少許的鹽，取出。

❸ 把劍魚和蒜頭放進步驟❷的調理鍋，加入淹過劍魚的橄欖油，在沒有蓋鍋蓋的情況下，用小火烹煮10分鐘。

❹ 蓋上鍋蓋，在保溫容器裡面，保溫30分鐘。把劍魚裝盤，鋪上蔬菜。

身體調理食譜 5

驅散疲勞的**梅子章魚飯**

梅子的酸味和章魚的濃郁挑逗食慾，口感清爽的米飯。

沸騰 **8分** → 保溫 **15分**

材料 5～6人份

白米	3米杯
梅乾	4顆
水煮章魚	300g
水	400ml
鹽	適量
青紫蘇	適量

育腦米的重點

章魚所含的牛磺酸，和梅子的檸檬酸具有提升活力的效果。章魚的鮮味和梅子的溫和鹽味都是令人感到親近的味道，所以請務必試試看。

製作方法

❶水煮章魚切成一口大小。青紫蘇切絲。
❷白米洗好後，放進調理鍋，加入指定份量的水、鹽，稍微混合攪拌後，鋪上章魚和梅乾。
❸開中火烹煮，沸騰之後，蓋上鍋蓋，用小火烹煮8分鐘。在保溫容器裡面，保溫15分鐘。
❹取出調理鍋，去除梅乾的種籽，快速混合整體，燜蒸10～15分鐘左右。裝盤，鋪上青紫蘇。

身體調理食譜 6

鷹嘴豆的牛奶味噌煮

味噌的濃郁和牛乳的醇厚絕妙契合。
可以品嚐到大量黃豆風味的日式湯品。

沸騰　保溫
6分 → 30分

材料 4人份

水煮鷹嘴豆	300g

※參考右下的菜單烹煮，或是使用鷹嘴豆罐頭。

馬鈴薯	4顆
洋蔥	2顆
胡蘿蔔	1根
奶油	10g
牛乳	600ml
麵露（原汁）	2大匙
日式高湯粉	1小匙
味噌	1又1/2大匙

製作方法

❶馬鈴薯、洋蔥、胡蘿蔔切成1cm左右的丁塊狀。
❷用調理鍋加熱奶油，以中火拌炒步驟❶的食材，並加入瀝乾水分的鷹嘴豆，快速拌炒。
❸加入牛乳、麵露、日式高湯粉加熱，沸騰之後，一邊撈除浮渣，持續烹煮6分鐘。
❹關火，溶入味噌，蓋上鍋蓋，在保溫容器裡面，保溫30分鐘。

水煮鷹嘴豆（完成後410g）

鷹嘴豆	200g
水	4杯

❶鷹嘴豆清洗後，放進調理鍋，加入指定份量的水，放置一個晚上。
❷步驟❶的調理鍋，在無鍋蓋狀態下開火烹煮，沸騰之後，一邊撈除浮渣，持續加熱10分鐘。

※試吃之後，如果鷹嘴豆還很硬，就再次把調理鍋煮沸，然後再次放進保溫容器裡保溫。

育腦
的重點

含豐富食物纖維的豆類是適合經常使用的食材。可以一次烹煮起來冷凍備用。餐桌上常見的牛乳和味噌創造出沉穩的味道。

滿意我們的育腦食譜嗎？

　　為什麼鍋具的烹調效率這麼差？在烹調的時候，不僅必須隨時守候在火爐旁邊，而且稍微放置一段時間後，溫度就會下降許多……難道沒有運用更好的技術，讓烹調效率更好的鍋具嗎？

　　這是隸屬於工學部的我經常感到困惑的問題。當我在東大料理愛好會提出這個問題時，才接觸到膳魔師（THERMOS）名為燜燒鍋的保溫調理器具。印象中，過去好像曾經聽過燜燒鍋這個名詞，所以我便打電話向母親詢問，才知道她在我小的時候就曾使用過那種鍋具，雖然功能和現在的燜燒鍋不同。

　　仔細想想，媽媽煮的燉肉是我最愛的料理。燉肉非常柔嫩，一放進嘴裡就會馬上擴散、溶化。而且，隨時都是熱騰騰上桌。

　　這個時候，孩提時期的疑問終於解開了。原來那份美味來自於技術的結晶。因為希望今後能有更多孩子跟我一樣，擁有這種幸福的回憶。所以我們才會編撰出這本可以運用燜燒鍋烹煮出美食的食譜。

2014 年 10 月
東大料理愛好會　代表
宮崎拓真

宮崎拓真
東京大學 工學部・系統
創成學科 3年級

真的很開心可以編寫這本與燜燒鍋有關的食譜。今後我仍希望繼續使用燜燒鍋，製作出更多步驟簡潔的美味食譜。

小名木淳
東京大學研究所 研究科
碩士1年級

如果能夠透過這本書，把我們在思考食譜時，所深刻體認到的燜燒鍋優點傳達給各位，那就是我們最大的榮幸。

長瀨大夢
東京大學研究所
工學系研究科 碩士1年級

這次是我第一次使用燜燒鍋，所以便構思出烹調時間少，可以輕鬆烹煮的食譜！雖然編撰過程中也有煞費苦心的時刻，但是真的很快樂！

吉田文香
茶之水女子大學
生活科學部・食物營養學科
3年級

如果有這個，媽媽肯定很開心，這是我用燜燒鍋製作料理時的想法……同時也讓我想到補習晚歸時，媽媽所端出的熱騰騰料理。終於找到可以永久使用的鍋具了。

木暮渚
東京家政大學 家政學部・
營養學科 3年級

一如往常的食材，只要透過簡單的步驟，就可以製作出豪華的美味料理。請大家務必使用燜燒鍋，多做一些各種不同的挑戰！

河田理沙
東京女子大學
現代教養學部
人類科學科 2年級

叶平川
東京大學
工學部 系統
創成學科 畢業

岸千裕
共立女子大學
家政學部
服裝學科 2年級

岩尾奈津實
日本女子大學
家政學部 家政
經濟學科 1年級

山田美咲
杏林大學醫學部
附屬看護
專門學校 2年級

次田叡令
東京大學
工學部 電子資訊
工學科 2年級

篠田沙織
日本女子大學
文學部 英文學科
2年級

小林杏香
東京女子大學
現代教養學部
國際社會學科 3年級

中嶋有彩
茶之水女子大學
生物學科 2年級

白杉有紗
專修大學
文學部 哲學科
1年級

片井滿理奈
日本女子大學
文學部 英文科
1年級

野崎未優
東京家政大學
營養學科 3年級

河田理沙
東京女子大學
現代教養學部
人類科學科 2年級

THERMOS 膳魔師

QUALITY SINCE 1904
百年溫控專家

彩漾雙色 時尚隨行！

全球第一品牌 百年燜燒鍋專家
膳魔師新一代彩漾燜燒鍋
環保節能 省時免顧 一提就走
蒸、煮、燉、滷、煨、熬、燜、燒，樣樣行
甜鹹冰熱，通通搞定，安全輕鬆享美味

THERMOS 膳魔師燜燒鍋 美味四步驟

1 煮滾食材
將食材及調味料放入燜燒鍋內鍋，於爐上煮滾。

2 移入外鍋
將燜燒鍋內鍋移入燜燒鍋外鍋。

3 蓋上燜煮
蓋上燜燒鍋鍋蓋，就可攜帶外出，同時料理正在鍋內燜煮。

4 燜煮完成
到達目的地後，燜燒鍋料理完成。

雙層不銹鋼 真空斷熱
外鍋為雙層不銹鋼真空結構設計，超強真空斷冷斷熱功能

THERMOS 膳魔師彩漾燜燒鍋特色

外出提把設計，一提就走，方便露營野餐、休閒旅遊使用。

內鍋上蓋可置放於本體上蓋，使用方便又衛生。

不銹鋼
鋁
超導磁不銹鋼
（燜燒鍋內鍋結構圖）

SUS304不銹鋼內鍋其鍋底使用超導磁不銹鋼，適用各種熱源

THERMOS 膳魔師彩漾燜燒鍋 RPE-3000-OLV/CA (橄欖綠/胡蘿蔔橘)
容量:3.0L

THERMOS® 膳魔師台灣區總代理
皇冠金屬工業股份有限公司

消費者服務專線：0800-251-030
膳魔師官方網站：www.thermos.com.tw
膳魔師官方粉絲團：www.facebook.com.tw/thermos.tw

THERMOS 膳魔師
官方網站

THERMOS 膳魔師
官方粉絲團

手機掃描 QR CODE
手機掃描 QR CO

填回函抽燜燒鍋！

瑞昇文化 FB 粉絲團

活動時間 ｜ 2016 年 2 月 29 日止（以郵戳為憑）

抽獎日期 ｜ 2016 年 3 月 7 日當日抽出幸運朋友，公告於瑞昇文化 FB 粉絲團，
並將公告後一周內以 E-mail 或電話通知。

活動辦法 ｜ 以正楷詳填背面讀者回函，並在活動期限內寄出，即享有抽獎資格。

注意事項 ｜ 本活動僅限台澎金馬地區，瑞昇文化保留變更活動內容之權利。

膳魔師 FB 粉絲團

活動獎品 ｜ 以下獎項由膳魔師 **THERMOS.** QUALITY SINCE 1904 膳魔師 提供。隨機出貨，恕不挑色。

◆ THERMOS 膳魔師彩漾燜燒鍋 3.0L　（3 名／市價 7,500 元）

◆ THERMOS 膳魔師不銹鋼真空燜燒提鍋 1.5L　（6 名／市價 3,450 元）

◆ THERMOS 膳魔師不銹鋼真空保溫食物燜燒罐 470ml　（5 名／市價 1,450 元）

└──THERMOS 膳魔師彩漾燜燒鍋 3.0L──┘　　THERMOS 膳魔師不銹鋼　　THERMOS 膳魔師不銹鋼
真空燜燒提鍋 1.5L　　真空保溫食物燜燒罐 470ml

瑞昇文化　讀者回函卡	感謝您購買《東大高材生這樣吃！燜燒鍋育腦食譜》！ 請詳填資料，以方便聯絡喔！

姓名：＿＿＿＿＿＿＿＿＿＿　　□女 □男

收件地址：□□□ - □□＿＿＿＿＿＿＿＿＿＿＿＿

＿＿＿＿＿＿＿＿＿＿＿＿＿＿＿＿＿＿＿＿＿＿＿＿＿

連絡電話：＿＿＿＿＿＿＿＿＿＿＿＿＿

E-mail：＿＿＿＿＿＿＿＿＿＿＿＿＿＿＿＿＿＿＿＿＿

願意收到瑞昇電子報　□是 □否

▶請問您從何種方式得知本書消息？
　□書店 □網路 □報紙 □雜誌 □書訊 □廣播 □電視
　□親友推薦 □其他＿＿＿＿＿＿＿＿

▶請問您通常以何種方式購買書籍？
　□書店 □網路 □傳真訂購 □郵局劃撥 □其他＿＿＿＿＿＿

▶請問您喜歡閱讀何種類別書籍？
　□文學小說 □商業財經 □藝術設計 □人文史地 □社會科學
　□心理勵志 □醫療保健 □飲食 □生活風格 □休閒旅遊
　□親子教養 □其他

▶對我們的建議：

＿＿＿＿＿＿＿＿＿＿＿＿＿＿＿＿＿＿＿＿＿＿＿＿＿＿＿

＿＿＿＿＿＿＿＿＿＿＿＿＿＿＿＿＿＿＿＿＿＿＿＿＿＿＿

＿＿＿＿＿＿＿＿＿＿＿＿＿＿＿＿＿＿＿＿＿＿＿＿＿＿＿

＿＿＿＿＿＿＿＿＿＿＿＿＿＿＿＿＿＿＿＿＿＿＿＿＿＿＿